中华造物记

送给孩子的
古代科技发明史

中华造物记

·建造奇妙的工程·

蓝灯童画◎编绘

科学普及出版社

·北京·

图书在版编目（CIP）数据

中华造物记.建造奇妙的工程 / 蓝灯童画编绘 . --
北京：科学普及出版社，2022.5（2025.1 重印）
ISBN 978-7-110-10411-8

Ⅰ . ① 中⋯ Ⅱ . ① 蓝⋯ Ⅲ . ① 技术史 – 中国 – 古代 –
儿童读物 Ⅳ . ① N092–49

中国版本图书馆 CIP 数据核字 (2022) 第 016265 号

序言

古代中国是科技强国，我们的祖先更是擅长发明创造。除了造纸术、印刷术、指南针和火药这类人尽皆知的古代四大发明，我们的祖先还创造出了不计其数的发明，发现了各种原理，建造出了举世闻名的伟大工程。比如，由我国先民最先栽培的重要的粮食作物之一的水稻，随着秦始皇一同沉睡在秦始皇陵中的兵马俑，以及与现代的照相、投影技术息息相关的光学原理——小孔成像等，这些发明创造或是由先民历经千辛万苦才被创造出来的，或是在某些事物的基础上演变而成的。它们与我们的生活密不可分，为人类发展和科技进步作出了重大的贡献。

因此，我们选取了 32 种中国原创、具有代表性的重要科技成就，并将这些科技成就的由来和原理绘制成了这套《中华造物记》。本册的书名为《建造奇妙的工程》，以中国古代的各项影响深远的重大工程为主题，带领小读者们穿越到古代，探索古人是如何建造出这些奇妙的工程的。

万里长城如穿梭在崇山峻岭间的一条巨龙，但在交通、技术并不发达的数千年前，中国先民是如何建造出这条"巨龙"的呢？洪灾会给人们带来惨重的人员伤亡和巨大的经济损失，但战国末年由李冰主持修建的都江堰，替巴蜀地区的人们解决了洪灾之难，都江堰又是怎样发挥作用的呢？不要着急，翻开这本书，你就可以从书中找到这些问题的答案。

目录

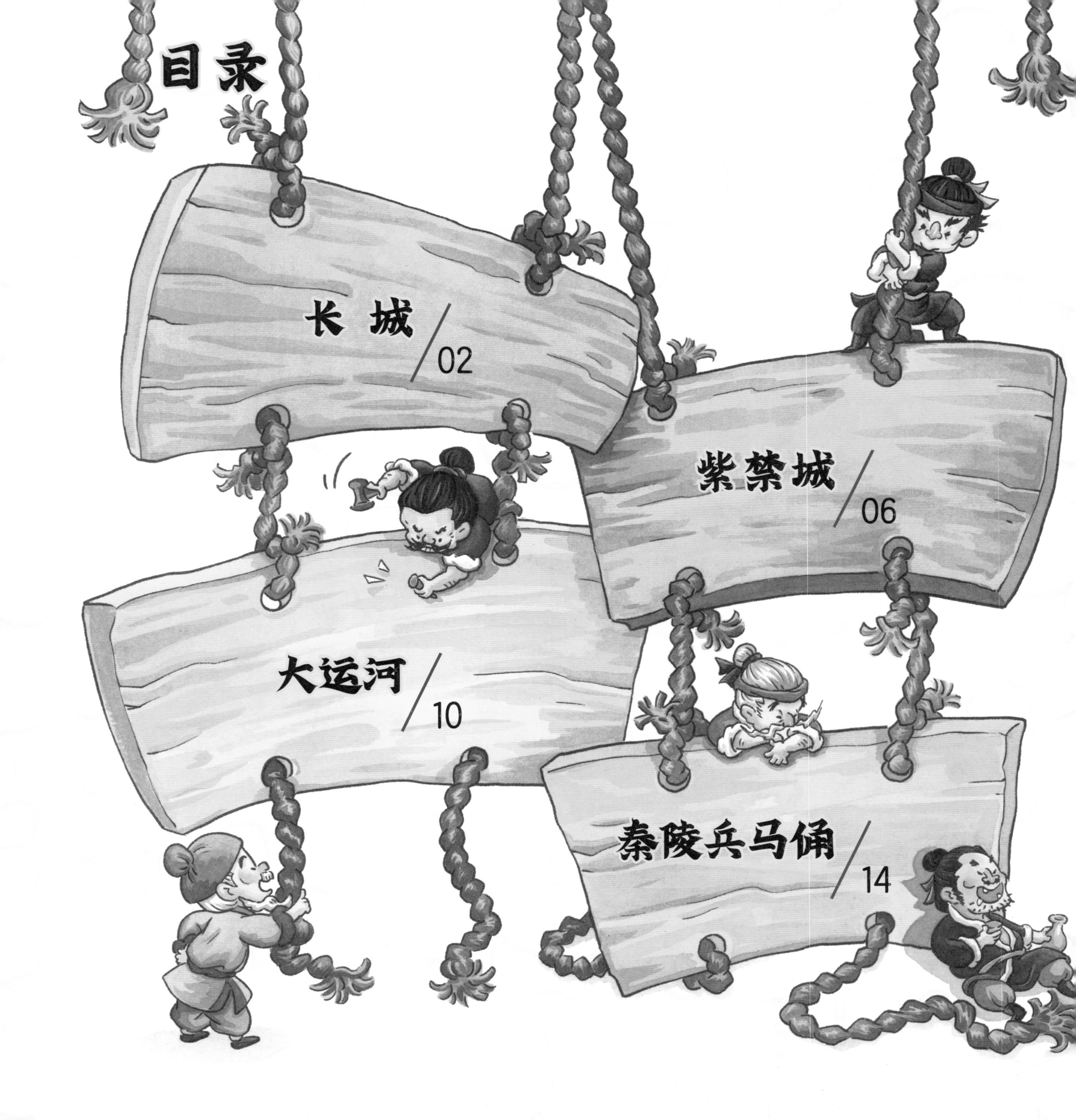

长城

我国北方有一道城墙，像巨龙一样穿梭于崇山峻岭之间，西接大漠，东连沧海，它就是长城。

土石　修建长城的主要材料，后被砖头取代。

快点干活，不许偷懒！

为了抵御来自北方的游牧民族，自春秋战国时期开始，中原各国的人民就开始修筑长城了。秦始皇统一六国后，命人将原诸侯国所修的长城连接了起来，万里长城由此形成。此后的多个王朝也在继续修建长城。

中国历代长城的总长为 2 万多千米，我们现在所见的长城多为明朝所建，明长城的总长为8851.8 千米，其中人工墙体的长度为 6259.6 千米。

长城的建造方法

"因地形，据险制塞"是建造长城的基本原则，也就是说要先选出有利的地形，比如比较高的山头、断崖等，根据地形再建造长城。这样建造出的长城既省钱又省力，防守效果还好。

长城的构造

长城可不只是有连绵不断的城墙哦！长城主要由关城、城墙和烽火台三部分组成。

城墙 城墙是长城用于防御的主体部分，墙顶上有留出供士兵巡逻行走的宽阔通道，边缘建有防止士兵掉下来的宇墙。除了防御外，城墙还能排水哟！

一夫当关，万夫莫开。

关城 关城是长城上重要的防御据点，通常会高于其他的烽火台，而且带有城门。关城的位置至关重要，一般会选择建立在利于防守的地方，易守难攻，能以较少的人数抵御众多的入侵者。著名的防御据点有山海关、嘉峪关和居庸关等。

建造长城的材料

过去，造长城的材料五花八门，古人大多因地制宜、就地取材。比如人们将建造的地点选在山上，那他们就可以凿山取石，再垒墙。要是在黄土地带，他们就用黄土砌墙。如果在沙漠，他们就铺上一层层的芦苇和柳条，再加上沙子造墙；下雨时，雨水可以通过芦苇排出，不会造成城墙倒塌。

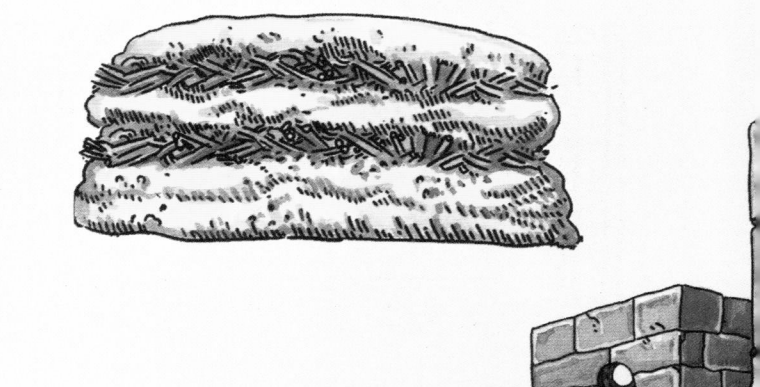

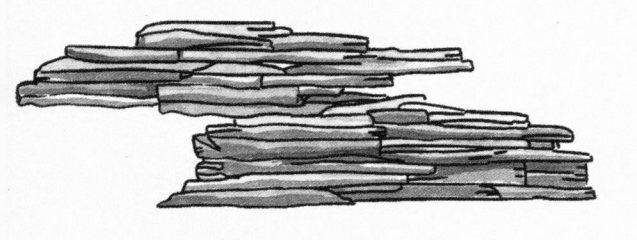

垛口

城墙上凸起的矮墙叫作垛口。垛口上面的小孔叫望孔，士兵可以躲在后面观察敌情。垛口的下方设置有射洞，用于射击敌人。

烽火台

烽火台是古代用于点燃烟火、传递信息的高台。将士们一旦遇到敌情，白天燃烟，夜晚点火。驻守远处的烽火台的士兵看到后，便会点燃信号，烽火台接连被点燃，信息就是这样被传递到都城里的。古人还会采用观察燃烟的大小、举火数目等方法来区分敌兵的数量。

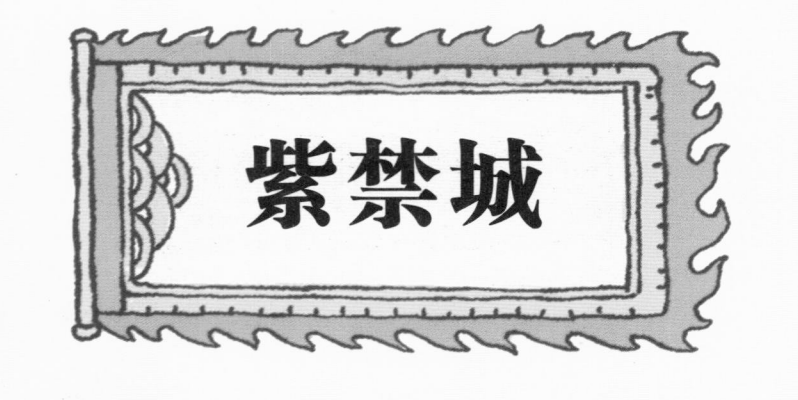

紫禁城

在我国的首都北京，我们能看到中国现存最大、保存最完整的宫殿建筑群——紫禁城。紫禁城即北京故宫，东西宽 753 米，南北长 961 米，四面围有高 10 米的城墙。城墙的外面有护城河环绕，里面有 9000 多间大大小小的房屋。从明朝到清朝，故宫内一共住过 24 位皇帝。

中国古代讲究"天人合一"，天上帝王的居所是紫微垣，那么人间皇帝住的地方便是紫禁城。紫禁城的"紫"指的正是北极星附近的星群紫微垣；"禁"则是想强调皇宫极为神圣，内外都管理十分严格，一般人禁止随便入内。

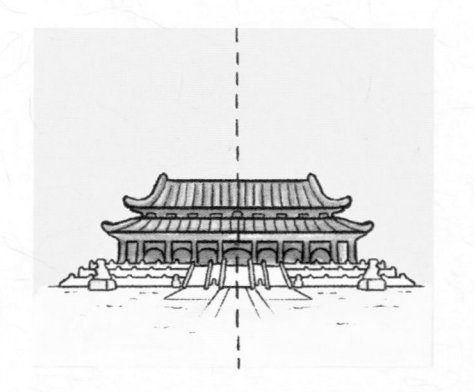

崇尚对称美的皇家

如果可以俯瞰故宫，你会发现紫禁城是一座方方正正的城池，非常讲究对称，重要的大殿都建在中轴线上。不仅整个紫禁城是对称设计的，就连里面的宫殿、亭台甚至园林都被设计成左右对称或左右呼应的样子。

高矮相间的建筑

古代建筑一般都不会很高，因为古人没有电梯，跑上跑下很麻烦；没有消防器，全用木头搭的房子，一旦着火便很难扑灭。在这种情况下，古人要如何凸显某个建筑物的高大呢？这可难不倒古代的工匠们，他们想出了一个好主意，用又平又矮的回廊等建筑来衬托主体建筑的高大，比如用于处理皇家大事的太和殿。

从南到北，故宫里的宫殿按照皇帝生活的区域分成了办公区和生活区两部分。前面的太和、保和及中和三个大殿是皇帝的办公区，皇帝每天在这里接待大臣、完成工作。后面的乾清宫、交泰殿和坤宁宫是生活区，皇帝完成了工作，就可以到后面和皇后等家属一起娱乐休息。

特别的装饰物

紫禁城里的装饰和雕塑也有特殊的含义，比放置于太和殿前的古代标准量器——嘉量及古代时仪器日晷（guǐ），都代表着皇帝的权力；希自己长生不老的皇帝则在太和殿东西两侧摆放着表长寿的铜龟和铜鹤。

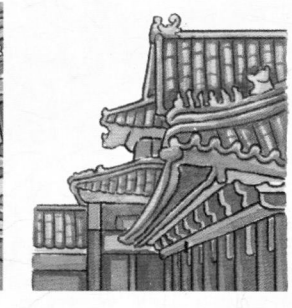

五彩斑斓的建筑

　　紫禁城里的建筑五颜六色，有黄色的琉璃瓦、红色的城墙、白色的栏杆和基座。屋檐下的彩绘里还有蓝色、绿色、金色和黑色，各种颜色交织在一起，相映成趣。

　　每种颜色都代表着不同的含义。这里用得最多的颜色是黄色，黄色代表土地和中央，是皇帝专用的颜色；红色代表火，意味着吉祥兴旺；绿色代表树木和春天，因为皇子的地位低于皇帝，所以住所的屋顶就是绿色的；黑色代表水，怕起火的建筑如紫禁城的图书馆——文渊阁的屋顶就是黑色的。

嘉量

铜龟

日晷

铜鹤

铜镀金转花翻伞钟　　三彩骆驼

白玉龙形佩　　掐丝珐琅玉兰牡丹图瓶

大运河

古时候，人们想要运输货物，只有两种方式：陆运和水运。

陆运是用马车或牛车来运货。路远的话，一走就是好几个月，中途还可能要翻山越岭。不仅如此，这一路上需要耗费不少的时间和成本，车辆还拉不了多少货物，得不偿失。

选择水运，船可以承载更重的货物，既安全又省事。可并非处处都有河流，这该怎么办？

既然没有天然的河流，那就自己凿一条出来！就这样，古人开凿了一条连通海河、黄河、淮河、长江和钱塘江五大水系，贯穿中国南北的大运河。

最早的运河

公元前506年，吴王阖（hé）闾（lú）命伍子胥开凿运河——胥江，这也是中国历史上最早的人工运河。

大运河进化史

中国历史上曾经形成两次大运河体系。第一次是在隋朝，大运河以洛阳为中心，北至北京，南达杭州。第二次是在元朝，大运河使南北河道大体取直，不再绕道洛阳。

隋朝的南北大运河

隋朝的南北大运河贯通于 7 世纪初，是中国第一次形成全国性的运河体系，也是中国第一条连通南北水上交通的大工程。不过，这条运河并没有笔直地贯穿南北，反而有点儿像三角形的一角，中间存在弯折。

华丽的大龙舟

在隋朝的大运河修好之后，隋炀帝建造了一艘巨大且华丽的龙舟，他曾经去江南地区巡游了 3 次。

这艘龙舟就像一座巨大的水上宫殿，一共有 4 层，中间的两层有 120 多个房间。龙舟又大又重，需要纤夫们在两岸利用巨大的绳索牵引，才能驶动。

元朝的京杭大运河

元朝的首都在北方的大都（今北京市），所以以洛阳为中心的运河就有点不太实用了。于是，古人在隋朝大运河的基础上进行调整：淮河以北的部分改由山东、河北直接北上至元大都，淮河以南的部分基本未变。调整后的运河便是京杭大运河。

元、明、清时期的运河改造

沿河修建梯级船闸

中国的地势南低北高，货船无法直接逆流而上，古人便通过沿河修建梯级船闸的方式来解决这个问题。

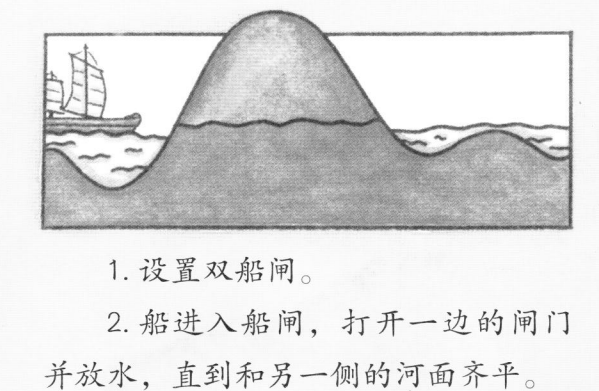

1. 设置双船闸。

2. 船进入船闸，打开一边的闸门并放水，直到和另一侧的河面齐平。

3. 待船通过打开的闸门后，再关上船闸。

防止运河泥沙淤积

黄河里含有大量泥沙，容易堵塞运河，造成洪水泛滥。一物降一物，聪明的古人自然也想出了应对的方法。

运河

黄河

1. 开一条新的河道，分开黄河和运河。

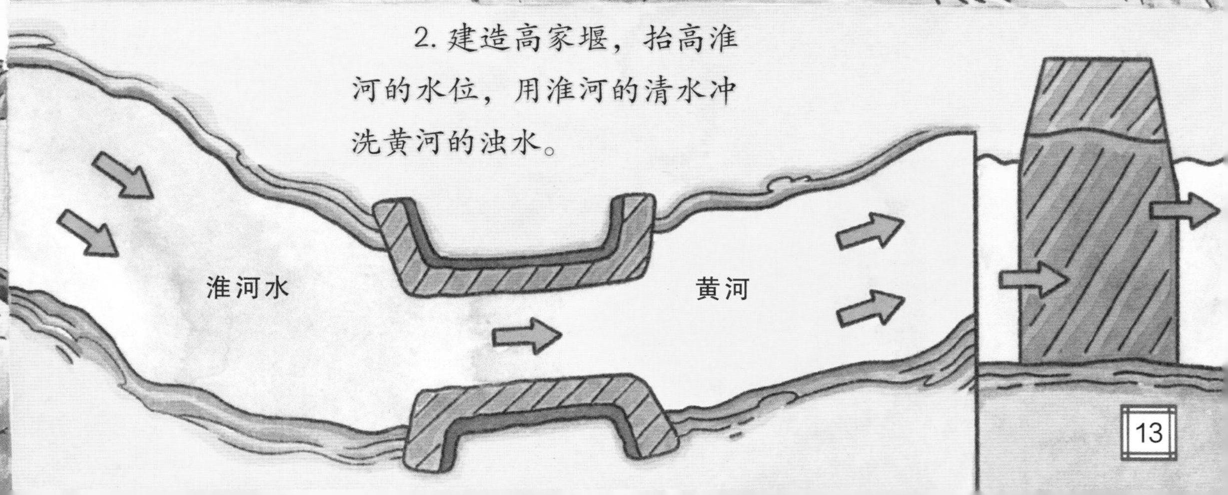

2. 建造高家堰，抬高淮河的水位，用淮河的清水冲洗黄河的浊水。

淮河水

黄河

秦陵兵马俑

野心勃勃的秦始皇认为，他的陵墓规模也要远超前人。出土于陕西省西安市临潼区的秦陵兵马俑，就是按照秦始皇的意愿，建造出的用陶土烧制成的"大型军队"。因为兵马俑排列的坑道位于主陵墓的外侧，所以较为可信的说法是，这支"兵马俑军队"是为了保卫秦始皇陵墓的主体部分而建。

基座 兵俑有基座，才可以更好地站立并排列在地面上。

除了兵马俑坑外，秦始皇陵中还有铜车马坑、珍禽异兽坑、马厩坑、百戏俑坑和石铠甲坑等，这些从葬坑共同构成了一座巨大的文物宝库。

高级军吏俑

又叫将军俑，在秦俑坑中非常少见，出土数量不足十件。其胸口通常带有花结，神情十分威严。

立射俑

立射俑通常不穿铠甲，束发挽髻，膝盖稍微弯曲，做出拉弓射箭的姿势。这说明在秦朝时，射箭就已经有了规范的射箭动作模式。

骑兵俑

因为古代的骑兵要骑马或者驾驶战车，所以装束和一般士兵的不太一样。骑兵俑头戴圆形小帽，身着窄袖短衣，脚蹬短靴，便于活动。

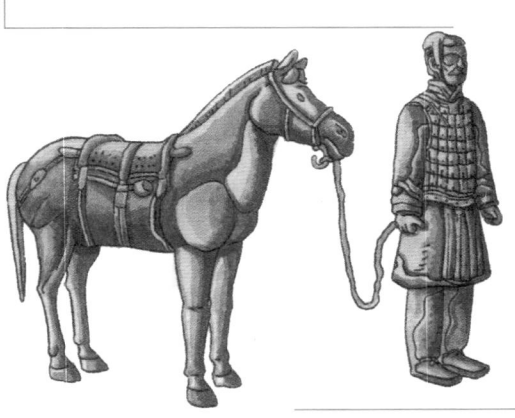

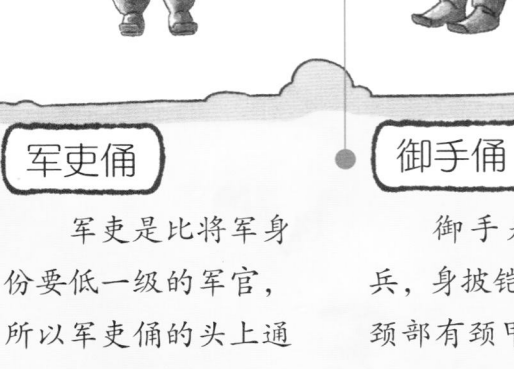

军吏俑

军吏是比将军身份要低一级的军官，所以军吏俑的头上通常戴着板冠，可分为中级和下级。

御手俑

御手是驾驶战车的士兵，身披铠甲，手上有护甲，颈部有颈甲。为了能抓住战车的缰绳，御手俑的双手都做成了向前伸的姿势。

跪射俑

和立射俑属于同一个兵阵，但是动作和装束却完全不一样。跪射俑通常穿着铠甲，左腿向前弯曲，右腿膝盖着地，双手放在身体右侧，一上一下地呈现出握着弓箭的模样。

车士俑

一般站在御手俑的两侧，身穿长襦袍和铠甲，手拿矛、戈、刀、戟等兵器。

兵马俑的制作过程

1. 用湿润的泥土制作出兵俑的基座、身体、脑袋和四肢等各个部分。

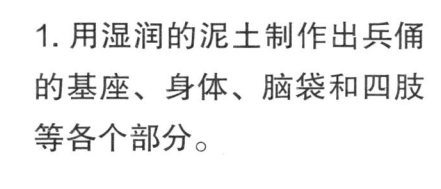

2. 晾干，雕刻细节。

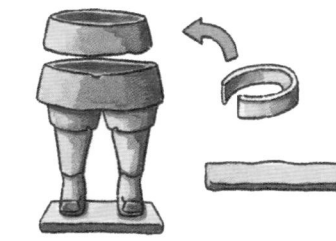

3. 组合各个部分并用泥土粘好。

4. 放进土窑烧制。

5. 涂色。

马俑

和真马一样大，一般站在骑兵俑的后方和战车的前方。

武士俑

俑坑中数量最多的普通士兵俑，平均身高约为 1.8 米，有些身穿战袍立于兵阵前方，有些穿着铠甲站在兵阵的中心。

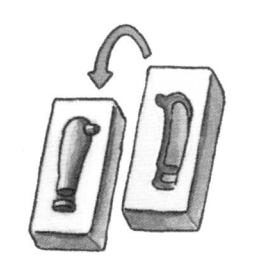

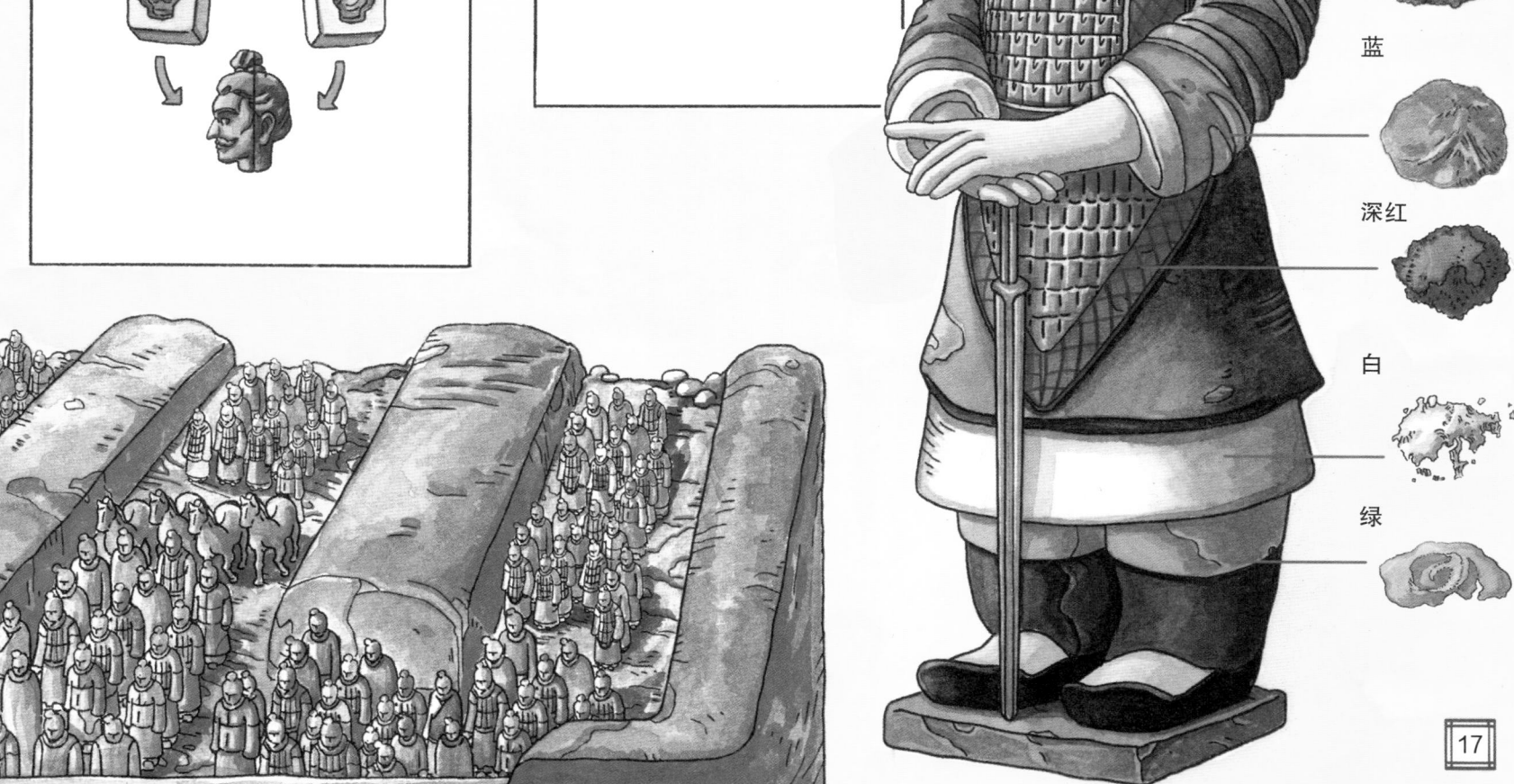

红
黑
紫
蓝
深红
白
绿

17

都江堰

位于四川省北部的岷江河流量大，速度急，每逢春夏时节，河水上涨，都会暴发洪灾。洪水带着大量的泥土、沙石，从上游哗啦哗啦地冲下来，向南流去。东部的成都平原的农田却得不到岷江的灌溉，实在是可惜。

战国时期的蜀郡太守（相当于今四川省人民政府省长）李冰发现了这个问题，开始主持兴建都江堰。都江堰的渠首枢纽共包含三部分，分别是鱼嘴、飞沙堰和宝瓶口。都江堰不仅解决了岷江洪水泛滥的问题，还将水引入成都平原，让它成了"天府之国"，泽被后世。

鱼嘴　安澜索桥　内江　玉垒山　外江　飞沙堰　离堆　宝瓶口　离堆公园

都江堰工程示意图

宝瓶口（引水工程）

宝瓶口是都江堰水利工程中修建最早的一处，人们在岷江边上的玉垒山打开一个缺口，引江水去浇灌干旱的成都平原。宝瓶口像瓶口一样，上宽下窄，这样的设计可以预防在丰水期或山洪暴发时，过多的水一下子灌入成都平原。

宝瓶口的修建

古人在修建宝瓶口的时候，炸药还没被发明出来。于是，聪明的古人想出来了一个好主意：先用火烧石头，再浇上冷水，利用热胀冷缩的原理，把山上坚硬的大石头化整为零。

鱼嘴（分水工程）

鱼嘴像个扁扁的带尖角的分水器，把岷江分成内江和外江。内江引水灌溉，外江泄洪分流。

在枯水期，鱼嘴比江面高出许多，能顺利地把大部分的江水引入内江。江水通过宝瓶口，灌溉成都平原。

在丰水期，江水能够完全淹没鱼嘴，使外江的河道更宽。大部分的江水通过外江流走，这样一来，江水就不会过多地流入成都平原，引发水灾。

飞沙堰（溢洪排沙工程）

飞沙堰建造在金刚堤尾部，靠近宝瓶口的位置。它是都江堰水利工程中最后建成的工程。

它的建造有两个目的：一是为了减少进入宝瓶口的洪水，防止成都平原水灾；二是利用离心力，分离水流中夹带的大量泥沙，避免堵塞内江、宝瓶口以及灌溉成都平原的人工水道。

有趣的是，都江堰的"堤"又高又坚固，无法让水顺利地流过去，而"堰"都是矮矮的，会随着河水变化而发生改变。比如在发生特大洪水时，矮矮的飞沙堰会被大水完全冲垮，这就使得更多的洪水从外江流走。

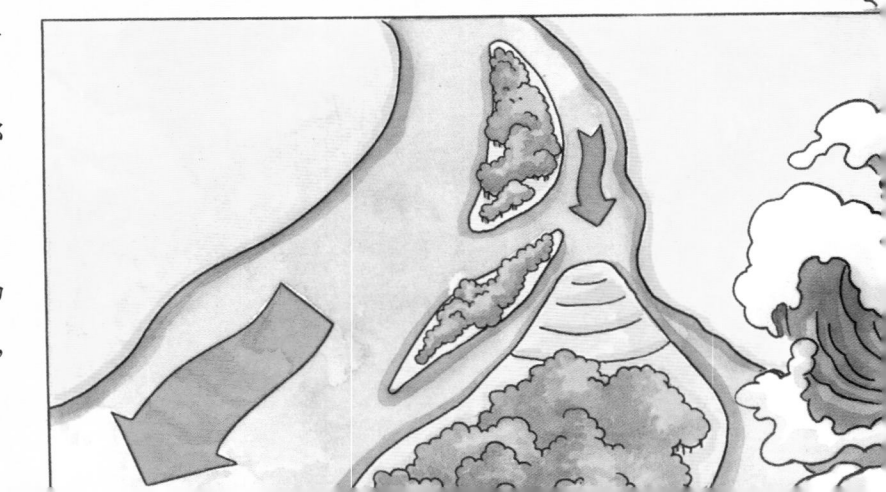

用木料制成的锥体支架，内压重物。杩槎易拆易建，造价低廉，木料可重复使用。

除了鱼嘴，古人还使用杩（mà）槎（chá）、竹笼等工具来截流。把杩槎或竹笼连成一列，这样可以组成一面临时的墙来调节水量。

竹笼

杩槎

竹笼　用竹子编成的长条笼子，里面装满了石头。

年年检修的都江堰——岁修制度

岷江的江水带着大量的泥沙，洪水还有可能会冲垮鱼嘴和飞沙堰，所以人们每年都要仔细地检查和修缮都江堰。这才让都江堰拥有了长久的生命，直到现在都还在努力地工作着。

岁修遵循 "深淘滩，低作堰" 的原则

"深淘滩"说的是每年都要把都江堰内外江的河床挖至一定的深度，以便容纳更多的河水。

"低作堰"指飞沙堰不能筑得太高，否则会影响泄洪和排沙的效果。

苏州园林

中国画，简称"国画"，讲究的是"意境"之美；而苏州园林，更像是"现实版的国画"，游人置身其中，就像人在画中一样。

其实，苏州园林指的是苏州的古典园林建筑，以私家园林为主。
苏州园林的四大名园分别为狮子林、沧浪亭、拙政园和留园。

讲究构图的苏州园林

房屋

古人推崇对称美，一件物品的左边长什么样，右边也是什么样。这不仅体现在服饰图案等方面上，就连建筑也是如此，但苏州园林是个例外。它的东边建造了房屋和亭子，西边就不会再出现同样的建筑。苏州园林布局独特，建筑造型更加丰富、精巧。

假山和池塘

太湖石是一种用于造假山的天然材料，常年受到水浪冲击，上面产生了很多形状奇特的孔洞。古代的"园林设计师"就非常喜欢用形态天然的太湖石来造假山，他们会根据这些石头的形状，决定每一块石头应该立在哪里或者堆成什么样，打造出"真正的山"。

既然假山都要仿真了，那水也模仿天然的溪流湖水吧！苏州园林里的池塘大多数是流动的活水，有些甚至被造成了天然河道的样子，颇具艺术性。

花草树木

苏州园林里的花草树木也很讲究，高的树和矮的树种在一起，落叶树木与常绿树木间隔种在一起，还要加上符合节气的花木、藤蔓等植物。

花窗

苏州园林里花窗的类型繁多，有些是"空窗"，为了展现人看向窗外时的园内景色；有些则会重点突出装饰效果。

花墙和走廊

古人造园林，都喜欢保持一点神秘感。如果刚一进门就看尽所有风景，那岂不可惜？所以，古人用墙体和走廊来遮挡视线，有效利用园内的空间。一园多景，既神秘又有深度。有趣的是，从苏州园林的门和窗看出去，每一个园里的景观都是一幅独立的画。

苏州园林的四大名园

沧浪亭：现为苏州最古老的园林，始建于北宋，南宋时一度为名将韩世忠的宅第。园外有流水，园内有土山，土山上还建着沧浪石亭。沧浪亭的面积虽小，但是设计得依山傍水，让人如同置身于真正的山林一般。

狮子林：始建于元朝，以园中千奇百怪的太湖石而闻名，有些太湖石真的像小狮子一样。

拙政园：始建于 16 世纪初，由明朝御史王献臣官场失意返乡后所建造。拙政园是苏州园林的代表作，也是苏州园林里面积最大的园林，完整地展现了苏州园林的设计特点。

留园：始建于 1593 年，为明朝太仆寺少卿徐泰时的私家园林，以山水造景而著称。

安济桥

古时候的石拱桥犹如一弯横跨两岸的月牙，人们过桥如爬山，可费劲了。如果河面较宽，桥梁还需要桥墩来支撑桥体的重量，但大型船就很难从桥下通过了。

可是有这样一座特别的石拱桥，是我国现存最古老的单跨拱桥，桥面弧度小，也没有多余的桥墩，它就是巧夺天工的安济桥。安济桥经历了1400多年的风风雨雨，雷打不倒，车压不垮，地震不塌，到现在还能正常通行。

安济桥又名赵州桥，位于今河北省赵县城南的洨（xiáo）河上，该桥建于595—605年，由隋朝的名匠李春设计和建造而成。安济桥全长64.4米，宽9.6米，主孔净跨度约37米，拱高仅7.23米。桥面像现在的马路一样，分成了三条路，马车从中间通过，两侧是人行道。

一般的石拱桥

小拱

安济桥的奇妙结构

不同于一般的石拱桥，安济桥的大拱是1个小于半圆的圆弧，弧度平缓，桥高降低，行人和车马都可以轻松地通行。

安济桥

小拱 安济桥的两侧分别有2个小拱。可不能小看了这4个小拱哦！它们既能节省石料，又能减轻桥身的重量；此外，还增加了桥梁过水的面积，减少了河流洪水对桥面产生的冲击力。

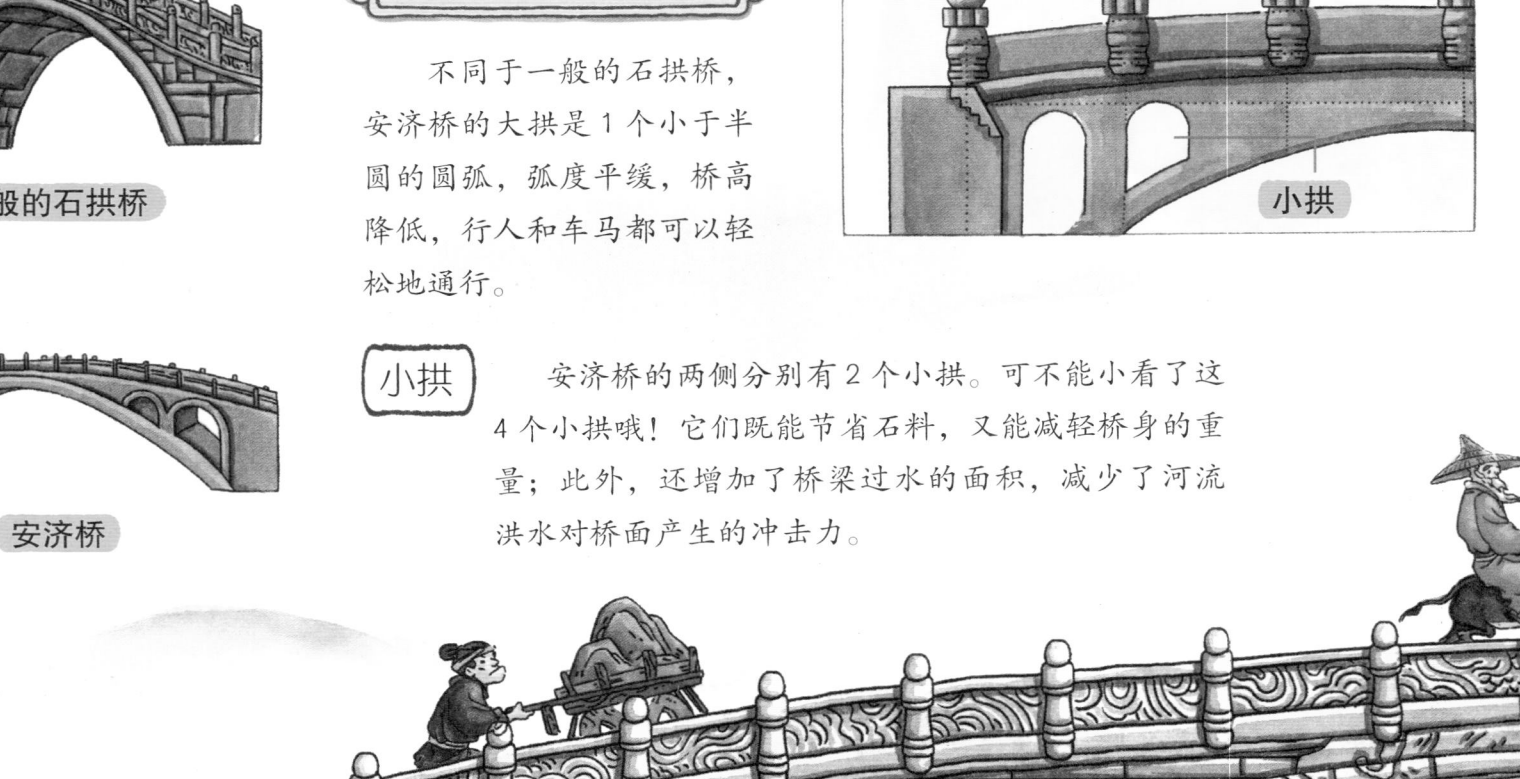

铁拉杆

安济桥采用了纵向砌筑的方法，整座桥由并列的28道拱券组合而成。安济桥桥身上的半球形杆头则是为了加强拱券间的联系而在大拱上沿桥宽的方向设置的，大拱上有5根，每个小拱上各有1根。

腰铁

腰铁

除了铁拉杆外，安济桥的桥身上还有一些短短的腰铁。这些腰铁能够加固石块，让原本互不相连的石块变成一个整体。如果其中有石块受损，人们可以松开附近的腰铁，进行修补。人们在修补腰铁的时候，桥也可以正常使用。

铁拉杆

腰铁

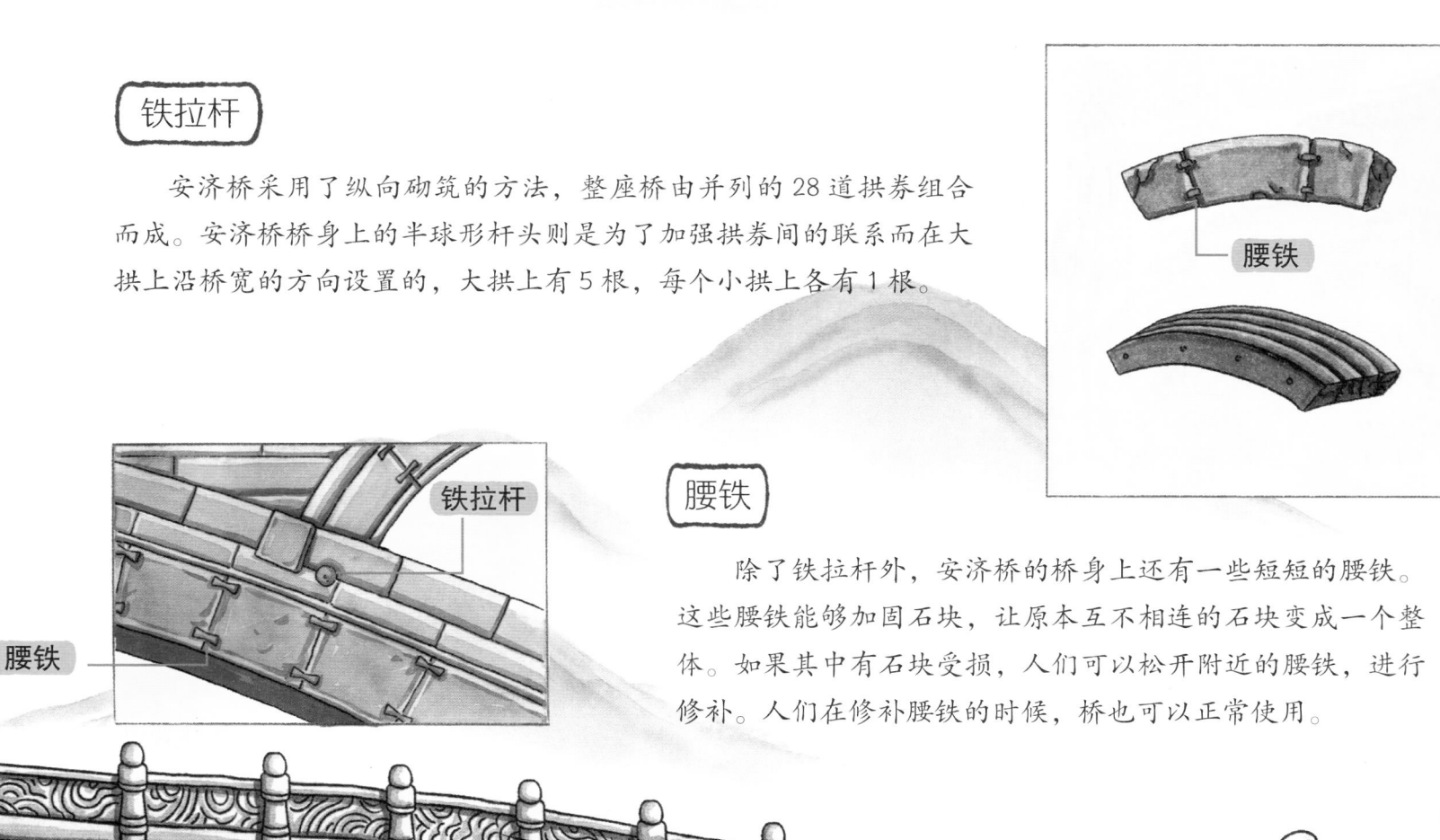

应县木塔

你参观过建筑工地吗？现代的高楼大厦大多都用粗壮的钢筋做骨架，然后浇上水泥，一层一层地建造起来，既高大又结实。但在古代中国，大家都喜欢造木房子。你可能会产生这样一个疑问：木房子能经得住风吹雨打吗？那你可就需要了解下辽朝的应县木塔了。

应县木塔建造于1056年，直径30米，高60余米，平面八角，外观五层，是一座楼阁式佛塔。它的主体几乎都是用木头建成的，没有使用一根钉子。近千年间，应县木塔经历了数次地震、枪击、炮轰、雷电、大风等天灾人祸，至今仍矗立于山西省的土地上。

应县木塔是中国现存最古老的楼阁式木结构佛塔。 2016 年，应县木塔被吉尼斯世界纪录认定为世界上最高的木结构建筑，几乎和一栋 20 层的现代高楼一般高。

宝珠
仰月 —— 火焰
相轮
铁链 —— 塔刹
复钵
仰莲

不会倒塌的木塔

　　用木头做的高塔，为什么能这么坚固，经过近千年都不会倒塌呢？

　　应县木塔运用了古人最喜欢的建筑技术——榫（sǔn）卯（mǎo）结构。榫卯结构是建筑构件利用凹凸连接的一种形式，连接处凸出的部分为榫、凹进去的部分称卯。

斗拱

　　应县木塔的每层屋檐下都有莲花状的建筑结构，这就是利用榫卯结构把各种形状的木块堆叠连接在一起做成的斗拱。斗拱有连接上下层、帮助建筑物承重的功能。当地震、大风等灾害来临时，斗拱还能起到抗震的作用，保护木塔。

塔顶

从上往下看，应县木塔的塔顶犹如一个八角形的盖子。顶端为铁制塔刹像糖葫芦一样串着一串宗教法器，连着8条铁链子。雨天，这串"糖葫芦"像避雷针一样保护着木塔，免遭雷击。

暗层

应县木塔外观5层，但实际有9层。每两层的中间都有1个用支撑木做成的圆环形暗层。4层暗层就像4个牢固的箍子一样牢牢地箍住塔身的每个部分，防止它们移动变形。

萧皇后和木塔

一般来说，如此雄伟高大的应县木塔，在古代通常只有皇室才有实力修建。据史学家考证，辽朝的萧皇后为了彰显家族的荣誉，向皇帝提出建议，在自己的家乡修建了这座木塔。因为建造在宋、辽的边境，应县木塔也兼具瞭望台的功能。

梁柱

在基座的上面，32根梁围成了一个八角形柱网，造者再用横梁把这些柱子成一个结实的整体。

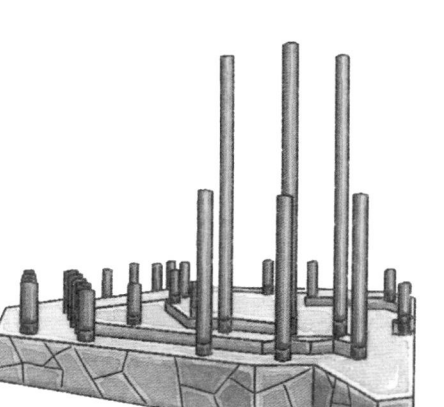

基座

应县木塔的基座很结实，由两层石制台基组成。

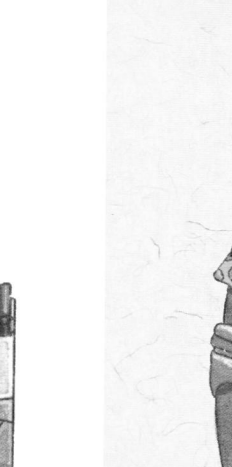